Je découvre
les
fourmis

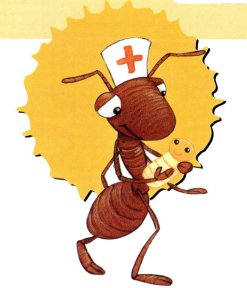

Grâce aux fourmis,
les forêts, les champs
et les plaines de notre planète
sont débarrassés des restes
d'animaux et de plantes.

EH **Héritage
jeunesse**

2

Qui es-tu ?

« Salut ! » dit quelqu'un à voix basse. Tu regardes autour de toi, mais tu ne vois personne. « Ici, par terre ! Fais attention à ne pas m'écraser ! » Finalement, tu regardes par terre et tu aperçois un insecte minuscule à tes pieds. « Qui es-tu ? » lui demandes-tu. « Je suis une fourmi. Veux-tu faire ma connaissance ? Viens avec moi ! »

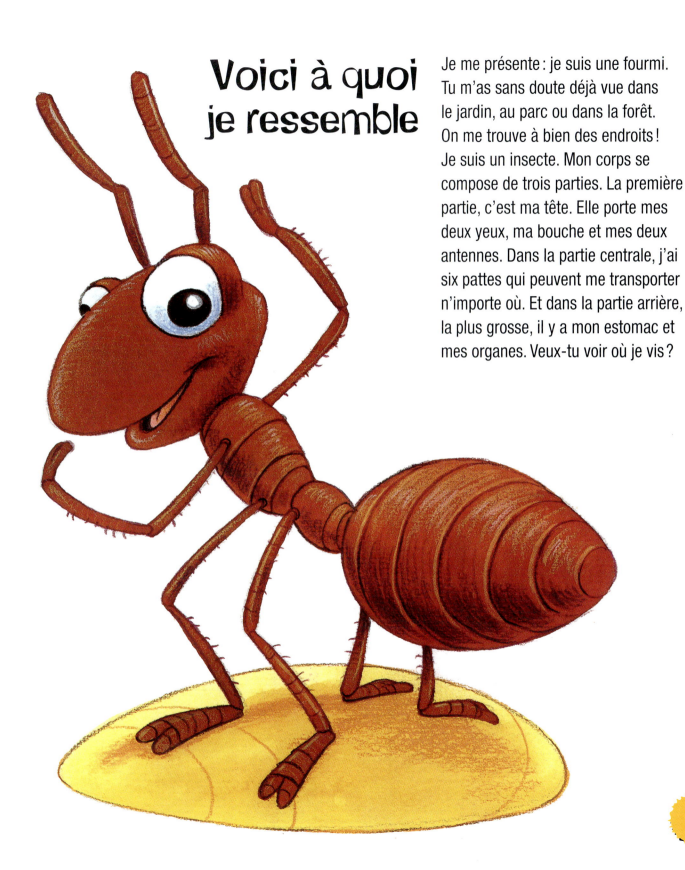

Voici à quoi je ressemble

Je me présente : je suis une fourmi. Tu m'as sans doute déjà vue dans le jardin, au parc ou dans la forêt. On me trouve à bien des endroits ! Je suis un insecte. Mon corps se compose de trois parties. La première partie, c'est ma tête. Elle porte mes deux yeux, ma bouche et mes deux antennes. Dans la partie centrale, j'ai six pattes qui peuvent me transporter n'importe où. Et dans la partie arrière, la plus grosse, il y a mon estomac et mes organes. Veux-tu voir où je vis ?

Nous avons une loge spéciale où nous prenons soin des **larves** et leur donnons à manger.

Ici, nous entassons les **œufs** que la reine fourmi pond tous les jours.

Il y a plusieurs loges où entreposer la **nourriture.**

Où vivent les fourmis ?

Nous, les fourmis, nous vivons dans des nids appelés fourmilières. Tu le savais sans doute, mais t'es-tu déjà demandé à quoi ressemblait l'intérieur d'une fourmilière ? Je vais te le dire. Une fourmilière, c'est comme un grand sous-sol que les fourmis creusent avec leur bouche et leurs pattes. Elles dégagent la terre et construisent des galeries et des loges. Les loges ressemblent à des pièces spéciales : il y en a une où vit la reine, une pour les larves, une autre où stocker la nourriture…

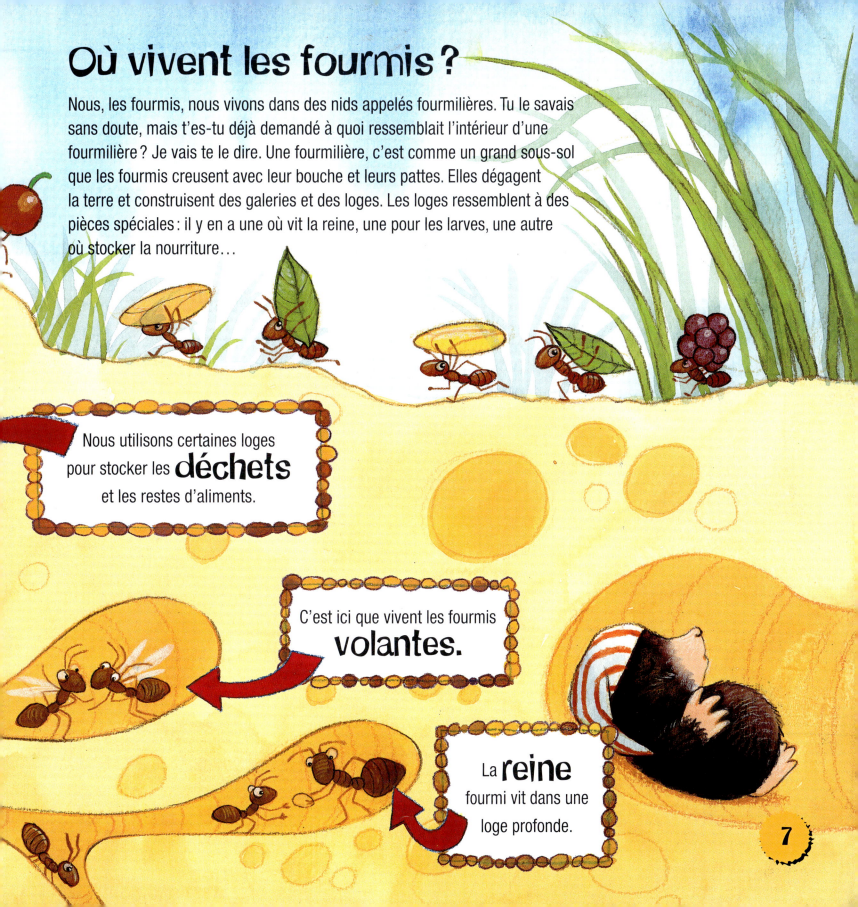

Nous utilisons certaines loges pour stocker les **déchets** et les restes d'aliments.

C'est ici que vivent les fourmis **volantes.**

La **reine** fourmi vit dans une loge profonde.

7

Ma famille

Ma famille se compose d'abord de la reine fourmi qui est la mère de tout le monde, puis des fourmis ouvrières qui sont mes sœurs, et enfin des larves et des œufs qui sont les tout-petits de la maison. Nous prenons bien soin de notre mère, la reine. Elle n'a jamais besoin de quitter la fourmilière puisque nous lui apportons de la nourriture, en plus de creuser des galeries et de prendre soin des œufs qu'elle pond chaque jour. Un petit ver sort de chaque œuf ; ce ver s'appelle une larve. Nous nourrissons la larve et la protégeons jusqu'à ce qu'elle devienne une fourmi ouvrière adulte.

Les métiers dans la fourmilière

Chez nous, chaque fourmi ouvrière a un métier. Quand nous sommes jeunes, nous prenons soin de notre mère, la reine, et de nos petites sœurs, les larves. Quand nous sommes un peu plus âgées, nous effectuons des tâches autour de la fourmilière : prolonger les galeries, stocker la nourriture et faire le ménage. Lorsque nous sommes plus vieilles, nous avons un métier très important : nous devenons des fourmis éclaireuses.

Les fourmis éclaireuses

Je suis une fourmi éclaireuse. Mon travail consiste à quitter la fourmilière tous les matins, au lever du soleil, et à chercher de la nourriture pour la famille. Nous, les fourmis, nous sommes toutes petites et notre vue n'est pas très bonne. Pour nous guider, nous traçons une piste

odorante que les autres fourmis éclaireuses peuvent suivre afin de trouver de la nourriture.

Sais-tu ce que nous utilisons pour laisser une odeur sur la piste ? Nos antennes ! Nous nous servons aussi des odeurs et de nos antennes pour nous « parler ». Si tu savais tout ce que nous nous disons !

13

De la nourriture pour toute la famille

Quand je trouve de la nourriture, comme du nectar, une graine ou un bout de viande, je retourne avertir mes amies. D'autres fourmis éclaireuses se servent de la piste odorante que j'ai tracée pour rapporter la nourriture à la fourmilière, un morceau à la fois. Nous nourrissons d'abord les larves et la reine, puis les fourmis restées à la maison, et nous mangeons en dernier. Nous partageons tout chez moi, et quand il y a de la nourriture, nous la distribuons à parts égales.

La pouponnière des fourmis

Mes petites sœurs, qui sont les fourmis nourrices, prennent soin des larves, les bébés de la famille, et leur donnent à manger. Elles récoltent tous les jours les œufs pondus par la reine et les transportent dans la pouponnière. Lorsque les larves sortent des œufs, elles ne font que manger toute la journée et sont incapables de marcher. Les fourmis nourrices leur donnent à manger avec leur bouche et les protègent. Si la fourmilière était attaquée, les larves et la reine seraient les premières à être sauvées. Après un certain temps, chaque larve devient une fourmi.

Les fourmis fermières

Je vais te dire ce que font certaines de mes cousines fourmis. Elles s'occupent de leur bétail. C'est incroyable, non ? On peut les trouver facilement sur les plantes, dans le jardin. Ces fourmis passent leurs journées à prendre soin des pucerons et à les protéger. Les pucerons sont plus petits que les fourmis et durant toute la journée, ils sucent la sève des plantes. Mes cousines traient les pucerons et boivent le miellat qu'ils sécrètent, une substance très sucrée qui les rend folles de joie. Les pucerons sont comme les petites vaches des fourmis !

19

Cultiver des champignons

J'ai aussi des cousines agricultrices. Ces fourmis découpent de petits morceaux de feuilles dans de très grands arbres qui poussent dans la jungle. Quand les fourmis tentent de descendre des arbres ces morceaux de feuilles qu'elles saisissent avec leur mâchoire, parfois, elles tombent et flottent dans les airs comme des parachutes. Elles transportent les morceaux de feuilles dans la fourmilière, les mastiquent et les placent dans une loge spéciale. Ensuite, elles plantent certains champignons, qui vont pousser sur les feuilles mastiquées et servir à nourrir tout le monde. Ces fourmis cultivent des champignons !

Les fourmis tisserandes

Les fourmis ne construisent pas toutes leur nid sous forme de galeries souterraines. Certaines se servent d'un creux dans un tronc ou une branche d'arbre, ou bien demeurent sous une pierre ou une brique. Certaines n'ont même pas d'habitation et vivent toute leur vie comme des nomades. Mais les plus étonnantes de toutes, ce sont mes cousines qui vivent en Afrique, en Australie et en Asie. On les appelle des fourmis tisserandes parce qu'elles construisent leur nid à l'aide de feuilles d'arbres vivants, en se servant de la soie produite par les larves. Quand le nid est terminé, la reine vit à l'intérieur d'une maison vivante !

À la guerre !

Les fourmis ne sont pas toutes paisibles, comme ma sœur et moi. Les fourmis légionnaires quittent leur fourmilière pour attaquer les fourmis voisines. Certaines d'entre elles sont très agressives et détruisent tout une fois arrivées chez leurs ennemies. D'autres profitent de l'attaque pour capturer des prisonnières. Elles s'en servent comme esclaves dans leur fourmilière et n'ont plus besoin de travailler ni d'aller chercher de la nourriture. D'autres encore plus rusées s'imprègnent d'une odeur spéciale, pénètrent dans la fourmilière voisine, dupent les maîtresses de la maison et les forcent à travailler pour elles.

Les fourmis volantes

Parfois, notre mère la reine fourmi pond des œufs d'où sortent des fourmis volantes. Celles-ci vivent dans notre fourmilière, où nous les nourrissons et prenons soin d'elles afin de les préparer pour le grand jour. Les fourmis volantes sont très spéciales : certaines sont des « princesses » et d'autres sont des « princes ». Une fois par année, pendant la nuit, toutes les fourmis volantes quittent la fourmilière. Quel beau spectacle vu d'en bas ! Elles forment des couples dans les airs et à la fin, les princesses redescendent au sol pour devenir des reines et construire de nouvelles fourmilières.

Les fourmis soldates

As-tu déjà observé une fourmilière et remarqué des fourmis à la tête
plus grosse que les autres ? Ce sont des fourmis soldates. En fait, elles font
le même travail que les autres ouvrières, mais quand un problème survient,
elles sont les premières à défendre les autres. Elles possèdent
des mâchoires très puissantes, semblables à une pince.
Quand je sors et que je rencontre une de mes voisines,
une fourmi soldate, je l'évite parce qu'elle m'effraie !

Le jardin des fourmis

Nous, les fourmis, nous faisons bon ménage avec les arbres et les plantes. J'ai des cousines (comme tu le vois, je fais partie d'une très grande famille!) qui vivent en Amérique centrale, au milieu des arbres appelés acacias. L'arbre leur fournit des épines avec lesquelles elles construisent leur fourmilière, en plus de leur donner un nectar spécial ainsi que du «pain». En échange de ce service, mes cousines nettoient les mauvaises herbes qui l'entourent et éliminent les graines des autres plantes pour que l'acacia puisse pousser tout seul. Et surtout, elles mordent les animaux qui essaient de manger les feuilles de l'arbre.

Les fourmis forestières

Pour terminer cette histoire, j'aimerais te parler des fourmis forestières. Ces insectes étonnants vivent dans les pinèdes. Ils construisent leur nid en forme de petit monticule fait d'aiguilles de pin. Les fourmis forestières sont très grosses, et toujours noires et rouges. Si on les dérange, elles sortent de leur nid, très en colère, et projettent un liquide à l'odeur vinaigrée. Il faut se méfier d'elles car en plus, elles mordent ! Si tu trouves une de leurs fourmilières, s'il te plaît, ne la détruis pas. Ces fourmis prennent soin de la nature et nous rendent service en mangeant les insectes indésirables.

Bon, il est temps pour moi de te quitter. À bientôt !

DES DÉTAILS INTÉRESSANTS SUR LES FOURMIS

On trouve des fourmis dans presque tous les écosystèmes terrestres de notre planète : les forêts, les déserts, les forêts pluviales, les savanes, les pinèdes, les toundras… Elles ont aussi colonisé avec succès les zones urbaines. Elles peuvent construire leur nid sur le sol, dans un tronc d'arbre, sur une branche… enfin presque n'importe où.

Leurs sociétés se partagent parfaitement le travail. Elles communiquent au moyen de substances chimiques appelées phéromones. De ce fait, Elles aident les autres membres de la même colonie. elles sont l'un des groupes d'animaux les plus efficaces de la planète.

Grâce aux différents types de nourriture mis à leur disposition, les fourmis de diverses espèces peuvent jouer le rôle de prédateurs, d'herbivores, de décomposeurs, etc., au sein de leur écosystème.

Les fourmis aident de nombreuses espèces de plantes à se répandre et à se reproduire, en déplaçant leurs graines d'un endroit à un autre.

Les fourmis aident à éliminer rapidement les animaux morts et à retourner les nutriments dans l'environnement. Si les fourmis devaient disparaître brutalement, la plupart des écosystèmes subiraient des dommages difficilement réparables. Quand elles construisent leur nid, les fourmis remuent davantage de terre que les vers.

Les fourmis s'adaptent et se spécialisent de différentes manières. Certaines peuvent se spécialiser dans un certain type de nourriture, tandis que d'autres mangent presque de tout. Certaines se nourrissent de viande. D'autres mangent des insectes, des plantes, des animaux morts ou des champignons. Elles peuvent aussi vivre en harmonie avec d'autres insectes, plantes, champignons et bactéries.

On connaît plus de 12 000 espèces de fourmis différentes. Mais il en existe beaucoup d'autres qu'on n'a pas encore découvertes. Il pourrait y en avoir jusqu'à 20 000 !

Selon leur espèce, les colonies de fourmis peuvent aller d'une douzaine d'individus, errant à la recherche d'une proie, à des fourmilières gigantesques de plusieurs millions d'habitantes.

Malgré qu'elles soient de très petite taille, les fourmis sont si nombreuses qu'elles représentent de 10 à 15 % de la matière vivante des animaux terrestres, ce qui est énorme. Dans les écosystèmes tropicaux, elles peuvent atteindre 25 % du poids de l'ensemble des animaux.

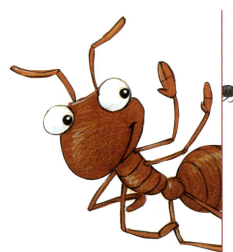

Je découvre
les
fourmis

Texte : **Alejandro Algarra**
Illustrations : **Daniel Howarth**
Traduction : **Claudine Azoulay**
Révision : **Ginette Bonenau**
Conception : **Gemser Publications**

Tous droits réservés
© 2010 Gemser Publications S.L.

Pour le Canada
© Les éditions Héritage inc. 2010
300, rue Arran, Saint-Lambert
(Québec) J4R 1K5

Nous reconnaissons l'aide financière du gouvernement
du Canada, par l'entremise du Programme d'aide au
développement de l'industrie de l'édition (PADIÉ),
pour nos activités d'édition.

ISBN : 978-2-7625-9019-7

Imprimé en Chine